不可思议的动物生活系列

杰出建筑师

（比）蕾妮·哈伊尔 绘著　　　李小彤 译

CHISO SINCE 1956 新疆青少年出版社

"像我们狼这样的野生动物，不会随随便便
找个地方就住下。我会选择住在一个安全又隐蔽
的地方。这个地方不但要舒适，还要适合我的生
活方式。我就把这里当作我的家。"

动物通常会住在以下这五种"房子"里：

巢：用树枝、羽毛、叶子搭建或者石头垒成的房子。

洞穴：藏在地下、树根或者树干里的洞。

天然庇护所：树洞、山洞或灌木丛等天然的隐蔽地。

搭建的房子：用泥土、荆棘、黏液等材料搭建而成。

壳：天生就有的甲壳。

其实，在大自然的任何一个角落，都有动物的房子。不过，它们往往十分隐蔽，不容易被发现。认真找找看，你能发现多少种房子呢？

水中

地下

地面上

灌木丛里

树枝上

树干里

树叶丛中

石头缝里

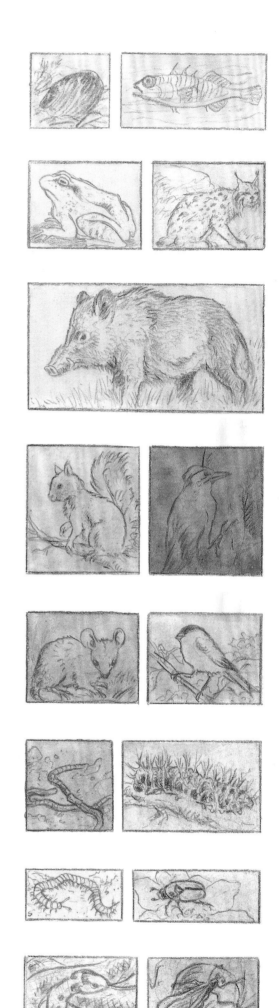

为什么动物也需要一个家、一所房子呢？因为这可以保护它们自己和它们的后代不受天敌的伤害，还可以让它们免受严寒、酷暑、雨雪等恶劣天气的影响。在这个家里，宝宝可以安全地成长。

鸽子：它的巢是用小树枝搭起来的。

海龟：它们会把卵藏在沙洞里。

鳄鱼：鳄鱼的洞口长着茂密的植物。

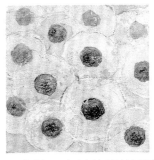   

青蛙：青蛙的卵外面裹着一层透明的保护胶。

有些动物的房子常年敞着门，冬天寒冷的时候，它们可就住得不那么舒服了。看，油鸱chī住的就是敞开的洞穴。

油鸱：油鸱喜欢将很多种子、浆果和鸟粪放到自己的洞里。

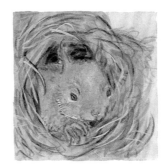

松鼠：松鼠的家是用树叶和嫩枝搭成的。

蝙蝠：天然形成的山洞就是蝙蝠的家。

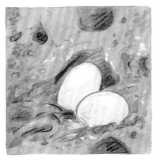

白蚁：白蚁住在自己筑成的堡垒里。

"我是黑头黄背织雀。为了更好地喂养宝宝，我会为它们精心编织一个温暖的小窝。看上去很漂亮吧？不过，我的鸟儿伙伴们并不都是这样做的。"

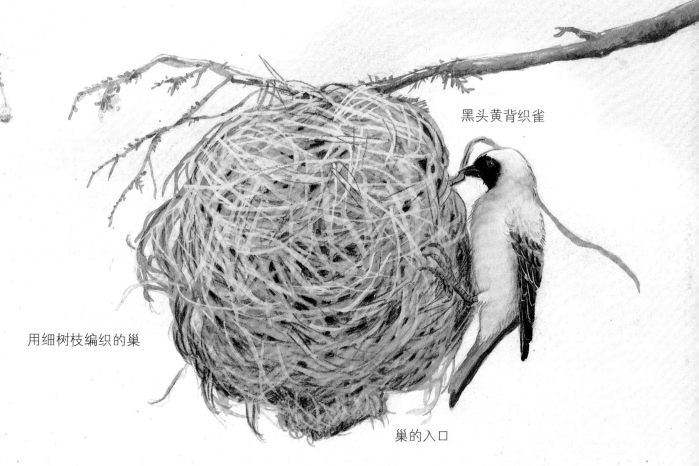

黑头黄背织雀

用细树枝编织的巢

巢的入口

来自非洲的黑头织雀是群居动物，喜欢把自己的家安在合欢树上。

鸟儿会住在四种不同类型的房子里，并在里面养育自己的宝宝。

搭的巢

挖的洞

天然庇护所

筑的屋

长耳鸮xiao直接把树洞当成家。

家燕衔来泥巴，细心地筑窝。

笃！笃！笃！……大斑啄木鸟在树干里凿了一个洞，刚好能住进去。

攀雀建的巢造型很奇特，
看起来像鸡蛋。

芦莺编织的巢，圆圆的，很漂亮。

　　不过……刚刚发生了什么事？布谷鸟为什么把自己的蛋叼到芦莺的巢里呢？

原来，布谷鸟是巢寄生鸟，不会建造房子。它为了保护自己的蛋，就把蛋放到其他鸟儿的巢里。

它先丢掉巢里的一只芦莺蛋，再把自己的蛋放进去。不过，布谷鸟蛋比芦莺蛋大多了。

在芦莺妈妈的照顾下，布谷鸟宝宝从蛋里孵出来了。它为了霸占芦莺妈妈的爱，就把芦莺蛋扔掉或者把孵出来的小芦莺赶出家门。

芦莺妈妈对此毫不知情，继续喂养着这只比自己个头还要大的宝宝。它不觉得有什么异常：这只大宝宝是在自己家里出生的，应该就是它的亲生孩子。

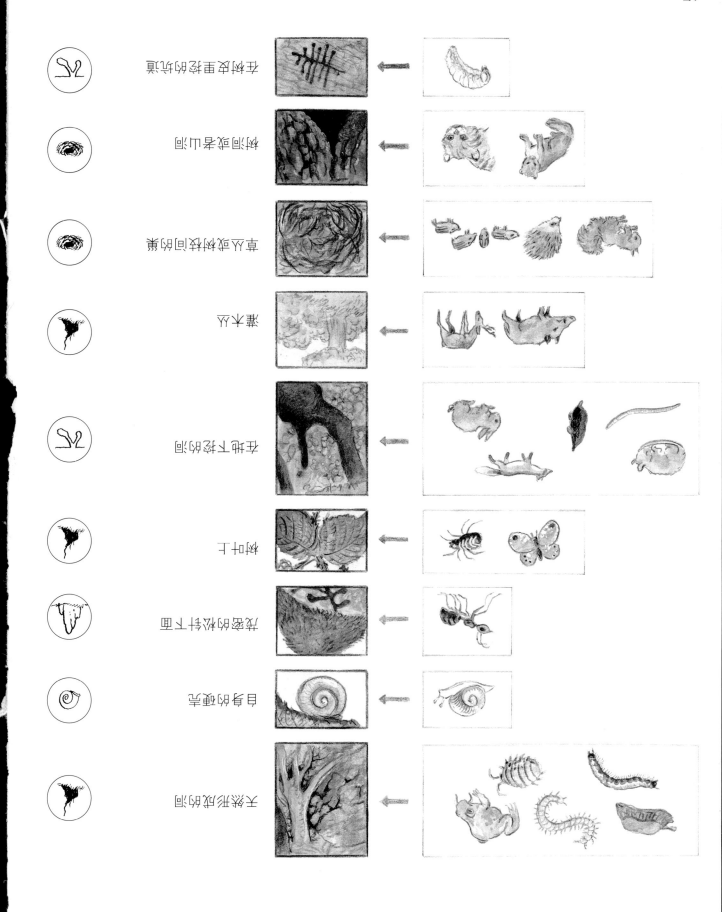

它们都一样，其他动物都无法从我身边把我抢走到另外的爱的地方去。

1. 蛞kuò蝓yú

2. 鼠妇

3. 马陆

4. 蜈蚣

5. 大蟾蜍

6. 花园葱蜗牛

7. 蚂蚁和蚁穴

8. 蝴蝶和在树上产的卵

9. 蜘蛛和它吐的丝

10. 小林姬鼠和它的洞

11. 蚯蚓和它的洞

12. 狐狸和它的地洞

13. 鼹鼠和它的食品储藏室

14. 兔子和它的窝

15. 野猪

16. 鹿

17. 松鼠和它的窝

18. 刺猬和它的窝

19. 野猪宝宝

20. 松貂

21. 野猫和它的窝

22. 小蠹dù虫和它的巢穴

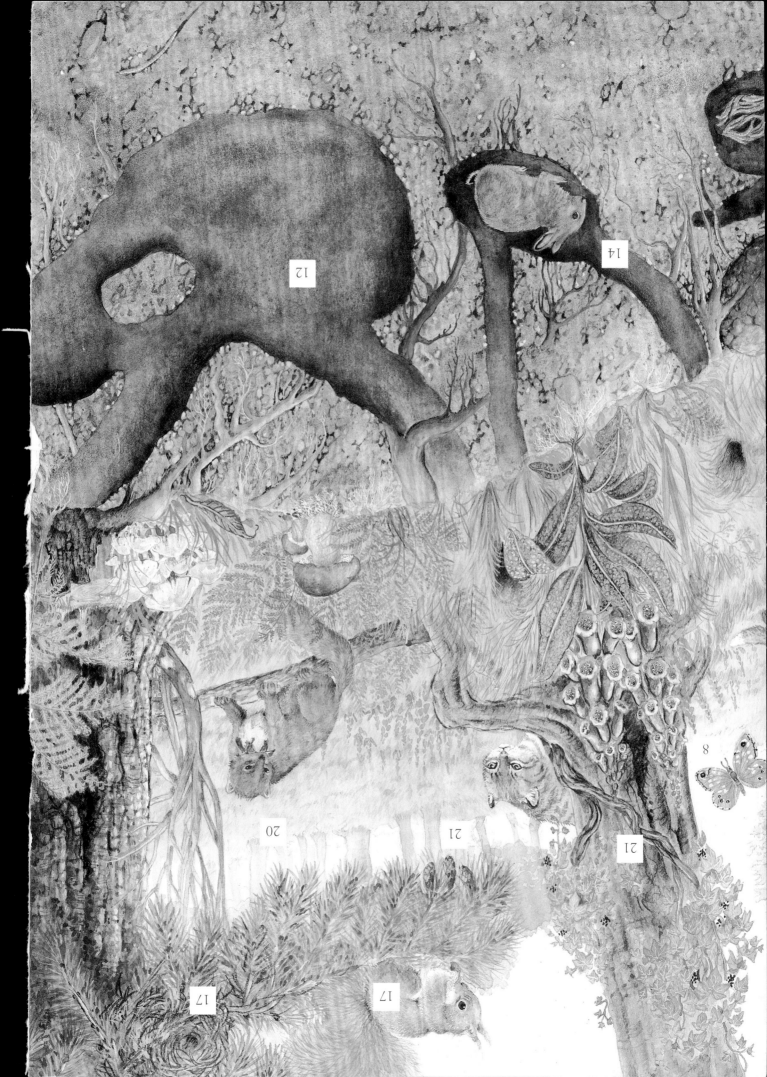

"搜集到足够的干草，人类叫它做稻秆的，就搭建这漂亮的圆窝吧。"
多睡着就躺在一起，盖着上等天鹅绒的毯子。

田鼠们都喜欢住在圆窝里度过冬天的日子。它们晚上多半在一起，每次造起这么一个温暖的窝，它们总要先忙活上好一阵，搜集了不少干草，先铺它们得软绵绵的，再盖上又大又软的天鹅绒小毯子。

哺乳动物建的房子一般有四种：

 巢穴（刺猬）

 地洞（蜜獾）

 天然庇护所（棕熊）

 自己建的巢穴（麝shè鼠）

河狸是哺乳动物中的杰出建筑师，它们营造巢穴的工作堪称复杂的水利工程。

　　比如这种加拿大河狸，它们会先拖来许多树枝、泥巴和石头，在家门口堆成高高的水坝，阻止水进入家里；再把许多树枝架成房子的形状，将入口留在水下面，不让天敌发现。

水坝（用各种材料堆积起来的）

池塘

河水的水面

巢的水下出入口

最后，它们会拖来很多好吃的嫩枝，留着度过漫长的冬天。
它们的巢一般位于水塘的中间，外面盖着厚厚的树枝。

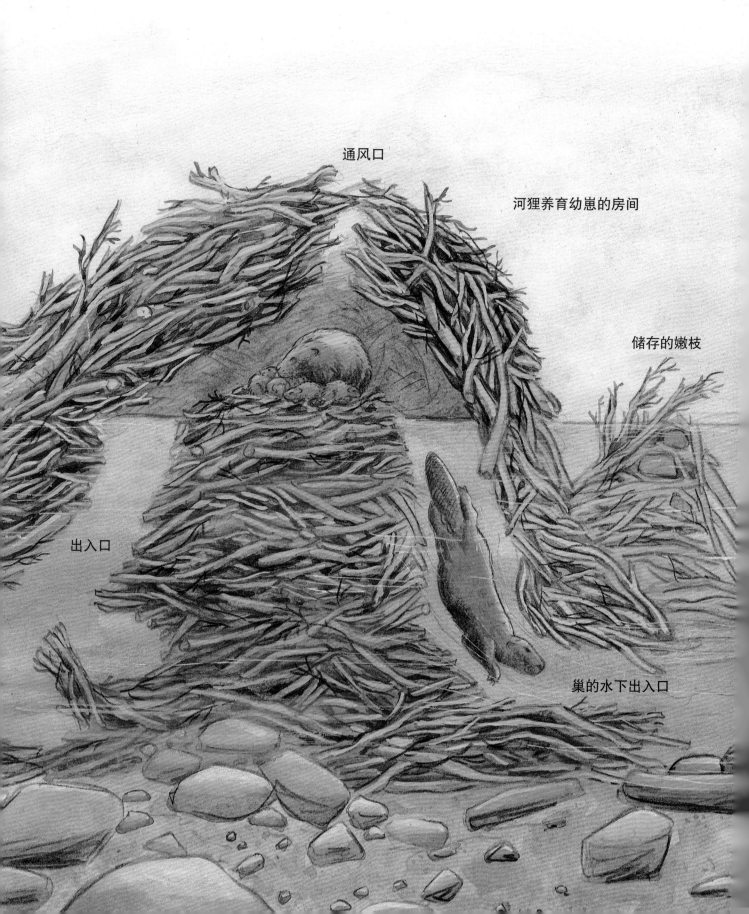

通风口

河狸养育幼崽的房间

储存的嫩枝

出入口

巢的水下出入口

"我们是勤劳的小蜜蜂，在昆虫大家族中，我们是跟人类关系最密切的了。我们住的房子很特别，人们把它叫作'蜂巢'，我们把它建造得牢固又结实。我们在这里养育后代，即使是在寒冷的冬天，我们住在里面也不觉得冷。

"看，这就是我们亲手建造的家。房子里的一个个小孔是蜂宝宝们的房间，它们在这里安全地长大。"

工蜂负责保卫蜂巢，不让其他昆虫和天敌闯进去。

工蜂用花蜜填满房孔，酿造成香甜的蜂蜜。

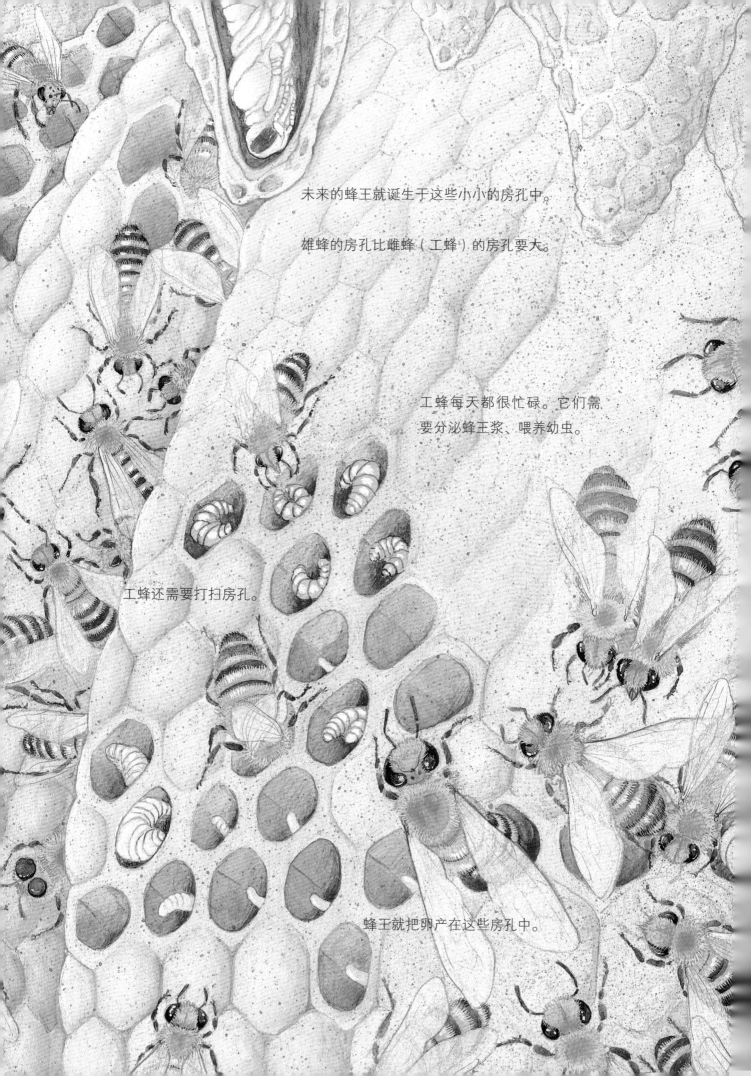

未来的蜂王就诞生于这些小小的房孔中。

雄蜂的房孔比雌蜂（工蜂）的房孔要大。

工蜂每天都很忙碌。它们需
要分泌蜂王浆、喂养幼虫。

工蜂还需要打扫房孔。

蜂王就把卵产在这些房孔中。

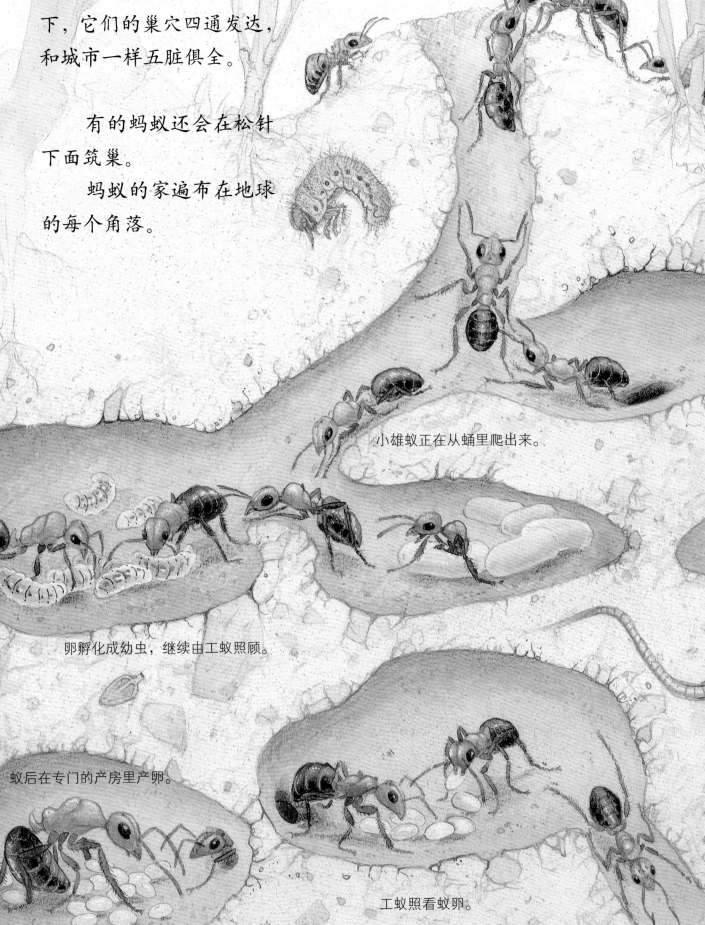

红褐林蚁的家在地
下，它们的巢穴四通发达，
和城市一样五脏俱全。

有的蚂蚁还会在松针
下面筑巢。

蚂蚁的家遍布在地球
的每个角落。

小雄蚁正在从蛹里爬出来。

卵孵化成幼虫，继续由工蚁照顾。

蚁后在专门的产房里产卵。

工蚁照看蚁卵。

工蚁负责外出寻找食物，比如
毛虫、昆虫或者种子。

在厚厚的松针堆下的蚁丘

这里储藏的食物很丰富，足够
蚂蚁大家庭熬过冬天了。

家里有专门的储藏室。

25

昆虫们通常住在自己搭建的房子里、隐蔽的地方或者洞穴里，也有专门建造了盔甲来保护自己的。

　　下面就是昆虫们千奇百怪的房子，这些房子可以为昆虫宝宝们遮风挡雨。

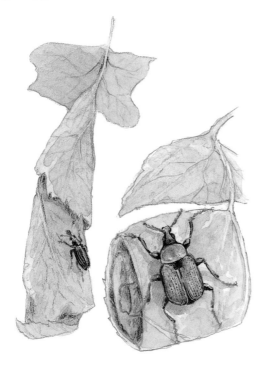
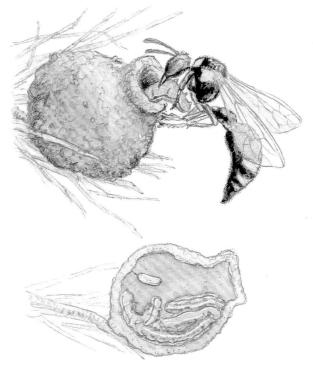

1 | 卷蛾：把叶子卷成圆筒。

2 | 蜾guǒ蠃luǒ：用泥土垒成瓮状的巢。

3 | 黄胡蜂：用咀嚼过的植物纤维和唾液混合，建造蜂巢。

4 | 屎壳郎：把粪球滚到地洞里，让宝宝一出生就有食物吃。

5  有些昆虫的幼虫生活在植物的茎干或者地下的洞穴里。（如金龟子）

6 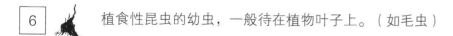 植食性昆虫的幼虫，一般待在植物叶子上。（如毛虫）

7 肉食性昆虫的幼虫，总是四处找东西吃，所以不需要固定的家。需要自我保护的时候，它们就藏在树叶周围。（如瓢虫）

"我是一只巨蜥，属于爬行动物。我喜欢在大自然里找一个隐蔽的地方，把那里当作家，有时候我也会自己建房子。我通常在土坑里下蛋，然后用植物盖住洞口，不让别人发现。"

巨蜥

爬行动物的宝宝出生后能独立生活，所以它们会离开父母的家，重新找一个安身之地。

"我是一只青蛙，属于两栖动物。我们保护卵的方式很奇妙，一般会把卵产在水里，并用一层厚厚的凝胶裹住，这样既安全又不会缺水。所以，我们用不着建造房子来保护宝宝。"

希腊林蛙

青蛙长大后喜欢在湿润的地方生活，讨厌干燥炎热。

南美洲的雨蛙在卷曲的树叶里产卵。

你知道吗？在水中，在深深的海底，也到处都是动物们的房子。水下大大小小的洞穴都是它们的藏身之地。

体型庞大的鲸、海豚几乎没有天敌，不需要固定的住所来保护自己，所以它们毕生畅游于大海深处。

有些鱼会把水藻丛当成自己的家，把卵产在那里；
而在大海深处，还有很多神奇的动物之家。

鹦嘴鱼吐出黏丝织成睡袋，钻在里面睡
觉就像盖着棉被一样。

海葵的触手是小丑鱼的家。海葵的毒液
可以保护小丑鱼不被天敌伤害。

"我是一只软体贝，背上的硬壳就是
我的房子。这所房子住着很方便，能走到
哪儿就带到哪儿。海蜗牛也有这样的房子。

"更有趣的是，我还可以自己决定开
关房门的时间。"

在地球上，几乎所有动物都拥有可以藏身的家，帮它们抵御炎热和酷寒，使它们得以繁衍生息。

对于生活在大草原上的一些动物，像羚羊啊，斑马啊，一旦有天敌追赶，就要马上飞跑逃命。对于它们，房子派不上用场。天、地、草原就是它们的家。

凭借与生俱来的快速奔跑、繁殖能力和慢慢习得的野外生存技能，它们在大自然里世世代代地生存了下来。大自然本身就是它们最好的庇护。

● **哺乳动物**：有脊椎，身体长有毛发的动物。雌性通常分娩生出幼崽，并分泌母乳来哺育幼崽。

● **巢寄生**：某些鸟类将卵产在其他鸟的巢里，由其他鸟代为孵化和育雏的一种繁殖行为。某些昆虫也有巢寄生行为。

● **触手**：水母等低等动物的感觉器官常长在嘴旁，形状像丝或手指，也可以用来捕食。

● **房孔**：蜂房由无数个大小相同的、正六角形的房孔组成，每个房孔都被其他房孔包围，相邻的两个房孔之间隔着蜡制的板。

● **蜂王**：也叫"蜂后"，是生殖器官发育完全的雌蜂，由受精卵发育而成。在蜂群中，蜂王的体型最大，腹部很长，翅膀短小。通常每个蜂群只有一只蜂王。

● **工蜂**：一种生殖器官发育不完全的雌性蜜蜂，体型小，翅膀长，有毒刺。工蜂承担修筑蜂巢、采集花粉、喂养幼虫、照顾蜂王等工作，不能繁殖。

● **工蚁**：没有翅膀、没有生殖能力的雌性蚁。它们的主要职责是建造和保卫巢穴、采集食物、喂养幼蚁等。

● **昆虫**：一种节肢动物，身体分为头、胸、腹三部分，通常有六条腿和两对或一对翅膀，也有不长翅膀的。多数昆虫都要经过卵、幼虫、蛹和成虫等发育阶段。

● **两栖动物**：既能在陆地上又能在水中生存的动物。成年两栖动物用肺来呼吸空气，幼年两栖动物或幼体靠鳃呼吸，只能在水中生存。

● **毛虫**：某些鳞翅目昆虫（如蝶、蛾）的幼虫，身体上丛生着毛。

● **啮齿动物**：包括啮齿目和兔形目（兔、野兔和鼠兔）的哺乳动物，这类动物的特征是有一对比较发达的门齿。

● **爬行动物**：用肺呼吸的卵生或胎生动物。有脊椎，通常皮肤上有鳞片或黏液。爬行动物靠收缩腹部滑行移动，比如蛇；或用很短的腿爬行，比如蜥蜴。鳄鱼、海龟是爬行动物，甚至大多数恐龙也是爬行动物。

● **群居动物**：与群体里的其他成员在一起生活或者有合作关系，是物种、群体或聚居地的一员。

● **软体动物**：一种无脊椎动物。藤壶、水母和海绵等海洋动物都是软体动物。

● **幼虫**：昆虫从卵内孵化出来，长得像蠕虫的阶段。如毛虫是蝴蝶或者飞蛾的幼虫。

● **幼体**：在母体内或刚脱离母体不久的小生物，如蝌蚪是青蛙的幼体。幼体在长成成体之前会经历很多的形态变化。

图书在版编目（CIP）数据

杰出建筑师 /（比）蕾妮·哈伊尔绘著；李小彤译 . — 乌鲁木齐：新疆青少年出版社，2018.1
（不可思议的动物生活系列）
ISBN 978-7-5590-2745-0

Ⅰ . ①杰… Ⅱ . ①蕾… ②李… Ⅲ . ①动物—青少年读物 Ⅳ . ① Q95-49

中国版本图书馆 CIP 数据核字 (2017) 第 263478 号

图字：29-2014-03 号

不可思议的动物生活系列

杰出建筑师　[比] 蕾妮·哈伊尔 绘著　　李小彤 译

出 版 人：徐 江	策　　划：许国萍
责任编辑：许国萍 贺艳华	特约审校：朱玉芬
美术编辑：查 璇 赵曼竹	封面设计：童 磊 查 璇
专业知识审校：王安梦	法律顾问：王冠华 18699089007
出版发行：新疆青少年出版社	地　　址：乌鲁木齐市北京北路 29 号（邮编：830012）
经　　销：全国新华书店	印　　制：北京尚唐印刷包装有限公司
开　　本：889mm×1194mm　1/16	印　　张：2.75
版　　次：2018 年 1 月第 1 版	印　　次：2018 年 7 月第 2 次印刷
字　　数：10 千字	印　　数：6001-11000 册
书　　号：ISBN 978-7-5590-2745-0	定　　价：42.00 元

制售盗版必究 举报查实奖励 :0991-7833932 版权保护办公室举报电话：0991-7833927
销售热线 :010-84853493 84851485 如有印刷装订质量问题 印刷厂负责调换